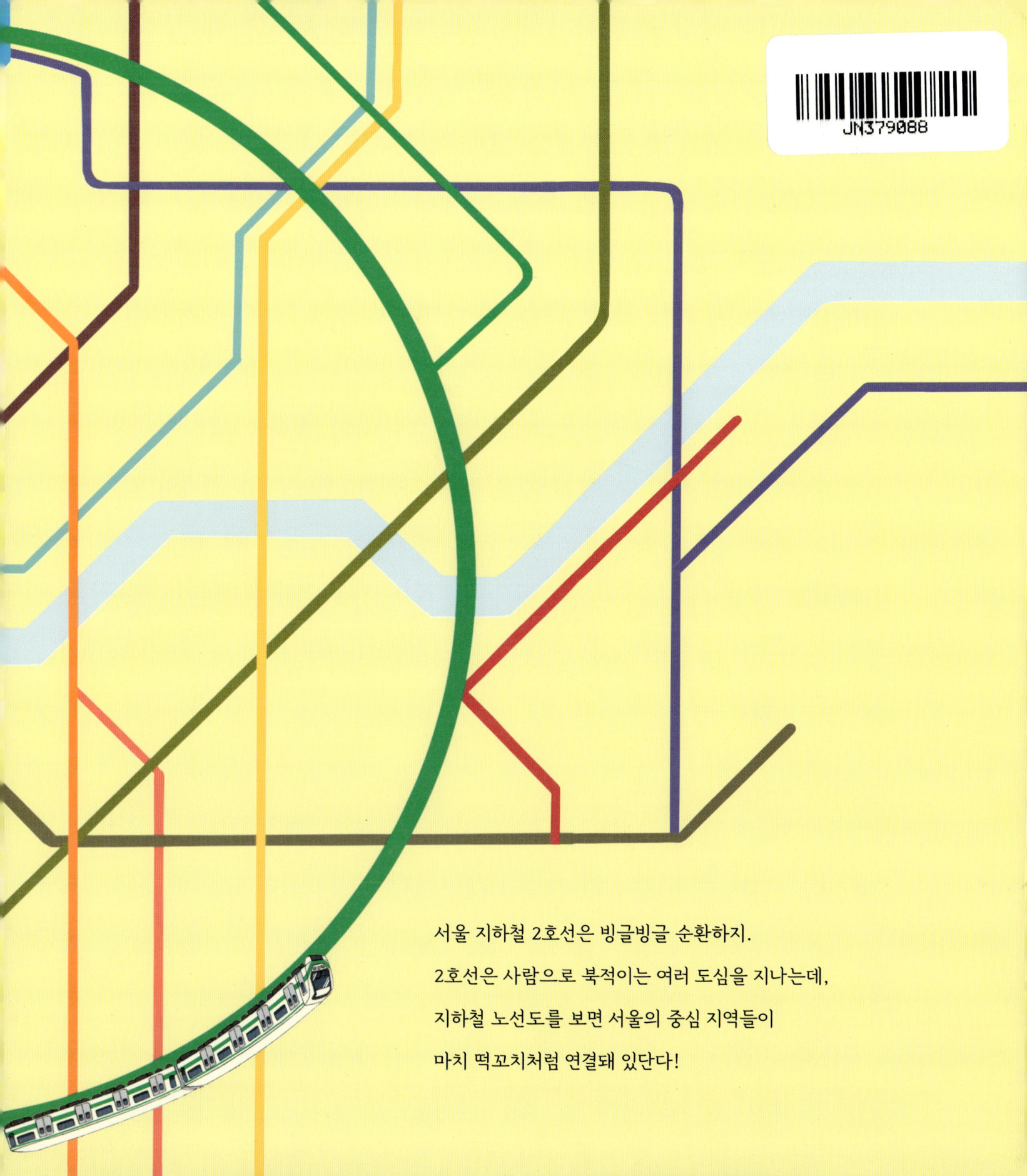

서울 지하철 2호선은 빙글빙글 순환하지.
2호선은 사람으로 북적이는 여러 도심을 지나는데,
지하철 노선도를 보면 서울의 중심 지역들이
마치 떡꼬치처럼 연결돼 있단다!

나의 첫 지리책 2

2호선은 떡꼬치 열차

📍 교통수단과 도심

최재희 글 | 시은경 그림

휴먼
어린이

타는 곳은 지하철역이랑 비슷했는데, 열차 안은 의자로 가득하고
지하가 아닌 밖에서 달린다며 우리 지유가 아주 신기해했었지.
흠, 그럼 이번에는 반대로 지하 열차 여행을 떠나 볼까?
마침 내일은 아빠가 휴가이니 여행하기 더욱 좋겠는걸.

환승은 '탈것을 바꾼다'는 뜻이란다.
우리는 원하는 장소에 가기 위해 비행기에서 기차로,
지하철에서 마을버스로 교통수단을 바꿔 가며 이동하지.
그러니까 환승역은 쉽게 말해 '열차를 갈아타는 역'이란다.

이번 여행의 목적에 딱 맞는 역이 떠오르는구나.
하루 동안 우리나라에서 가장 많은 사람이 오가는 역!
바로 아빠의 직장이 있는 서울의 강남역이야.

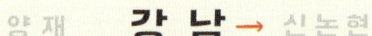

자, 지금부터가 사람이 가장 많은 시간이란다.

이번 열차에는 정말 많은 사람이 **빼곡하게** 들어차 있구나.

내리려는 사람과 타려는 사람이 만나

열차 출입문 근처는 무지 혼란스럽고 말이야.

어때? 아빠가 말한 것처럼 엄청나게 많은 사람이 오가고 있지?

정말 정말 정말 사람이 많네요! 이 정도일지 몰랐어요.
들어오는 열차마다 사람이 가득 차 있고,
줄에 서 있던 사람들이 전부 타지 못하고
또 다음 열차를 기다리고 있어요.
사람이 너무 많은데 다들 빠르게 걷고 있어서 좀 무섭기도 해요.

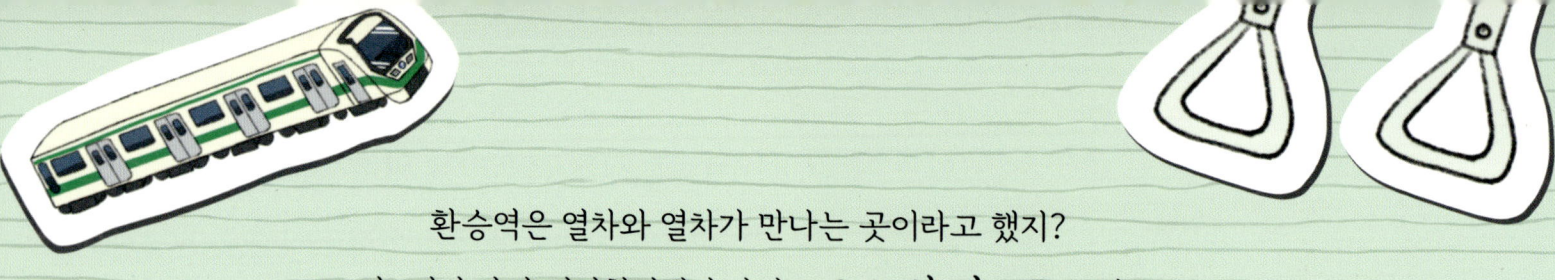

환승역은 열차와 열차가 만나는 곳이라고 했지?

자, 여기 아까 지하철역에서 가지고 온 **노선 지도**를 보렴.

거미줄처럼 얽힌 노선 지도에는 두 노선이 만나는 곳이 정말 많단다.

우리가 있는 강남역이 그렇고, 가까운 교대역과 고속터미널역도 마찬가지야.

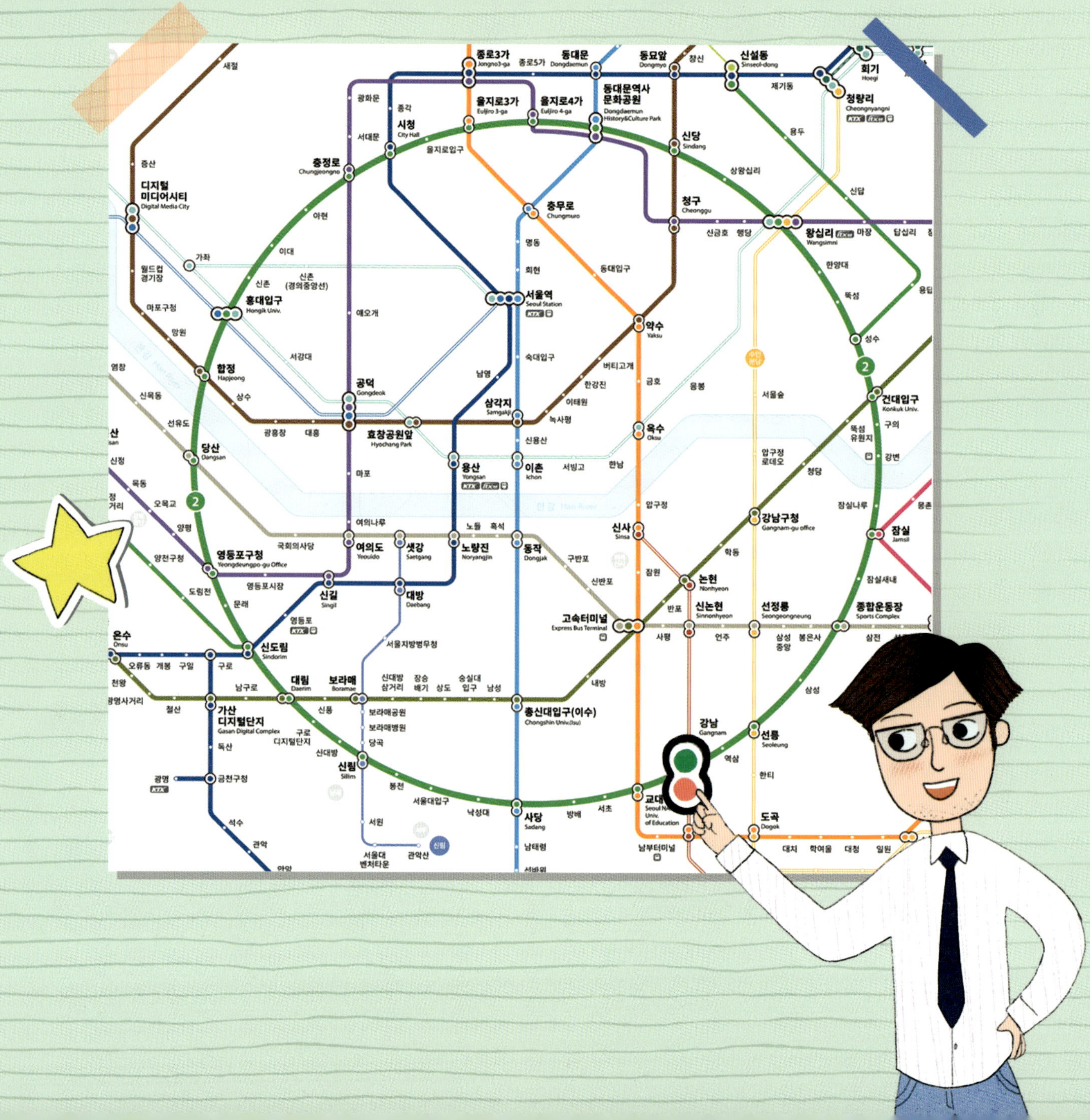

열차와 열차가 만나야 하는 까닭은 결국 **많은 사람이 오가야 하기 때문**이란다. 우리가 내렸던 강남역은 2호선과 신분당선이 만나는데, 조금 전에 봤듯이 정말 많은 사람이 분주히 오간단다. 강남역은 우리나라에서 하루 동안 가장 많은 사람이 오가는 역이야. 매일 강남역을 오가는 사람의 수를 1년 동안 더하면, 우리나라 전체 인구와 비슷하거든.

2호선은 흥미로운 점이 있단다.
마치 팽이처럼 서울을 **빙글빙글 돌고 돈다는 것**!
그래서 우리가 있는 강남역에서 2호선 열차를 타고,
1시간 30분 정도 있으면 다시 강남역에 올 수 있단다.
서울의 곳곳을 들르고 다시 제자리로 돌아오기에
순환선이라 부르기도 해.

한 번 타면 제자리로 돌아올 수 있다는 게 신기하네요!
아빠, 그럼 우리 2호선을 한 바퀴 타 봐요!

좋아! 아침을 든든하게 먹었으니 다시 강남역으로 가 볼까?
올 때는 신분당선 강남역이었지만,
순환선을 타려면 2호선 강남역 플랫폼으로 가야겠지?
여기서 한 가지만 결정하면 되겠구나.
강남역을 기준으로 오른쪽 잠실 방향으로 갈까,
왼쪽 사당 방향으로 갈까?

확실히 출근 시간보다는 사람이 줄었구나.

지금부터는 지하철 노선 지도를 보면서 가 볼까?

노선 지도에 환승역을 표시해 보는 거야. 환승역을 따라가다 보면

도시에서 가장 중요한 역할을 하는 곳들을 만날 수 있단다.

지하철역마다 관심을 가지고 살펴보고,

특히 환승역일 때와 아닐 때

사람이 얼마나 타고 내리는지 비교해 보면 재미있을 거야.

열차가 곧 출발하니, 이제부터 시작이다!

중요한 역이 나오면 아빠가 간단히 설명해 줄게.

왕십리역은 무려 네 개의 열차가 서로 만나는 역이야.
2호선, 5호선, 경의중앙선, 수인분당선이 만나니
역이 넓어서 다른 열차로 갈아탈 때 꽤 많이 걸어야 해.
왕십리역에서는 저 멀리 경기도에 속한 구리시,
양평군, 용인시까지 갈 수 있는 열차를 탈 수 있단다.

208 왕십리

205 동대문역사문화공원

동대문역사문화공원역은 원래 이름이 동대문운동장역이었단다.
과거에는 동대문디자인플라자의 자리에 동대문운동장이 있었거든.
경기장은 많은 사람이 찾아오기 쉬워야겠지? 그러려면 교통이 편해야 하고!
그래서 세 노선이 만나는 환승역이 되었단다.

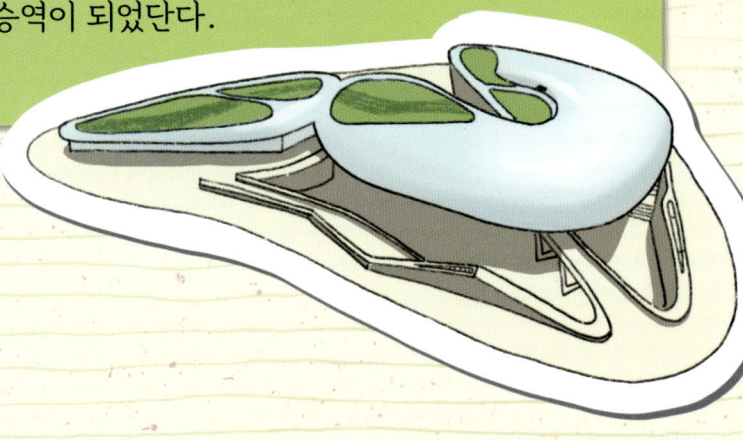

212 건대입구

건대입구역은 건국대학교와 가까워서 붙은 이름이란다. 2호선과 7호선이 만나는 역으로 주변에 먹을거리가 참 많지. 잠실역과 마찬가지로 주변에 높은 아파트와 백화점 건물이 빽빽하게 늘어서 있단다.

216 잠실

잠실역은 2호선과 8호선이 만나는 곳이란다. 잠실역 주변에는 지유가 좋아하는 놀이공원은 물론, 우리나라에서 가장 높은 건물인 롯데월드타워가 있지. 그래서 사람이 정말 많이 오가는 역 중 하나란다.

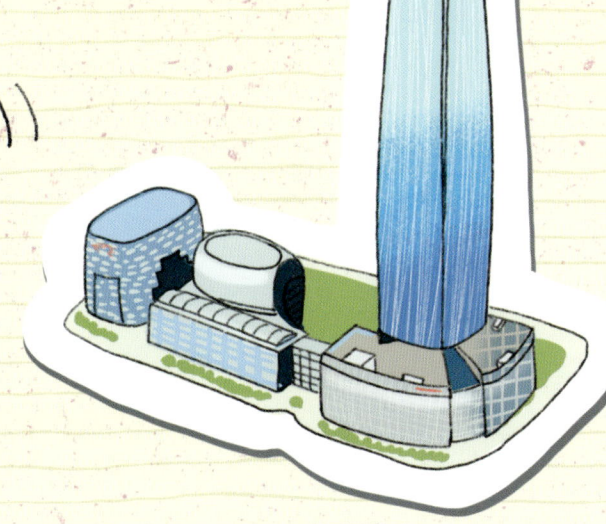

시청역은 2호선과 1호선이 만나는 환승역으로,

수도 서울에서 역사적으로도 아주 중요한 공간 중 하나란다.

다양한 축제가 열리기도 하고, 월드컵 대회의 응원 광장이 되기도 하지.

또한 주변으로 관공서와 백화점, 호텔, 역사 유적이 많으니 사람이 많이 찾겠지?

다양한 곳에서 쉽게 올 수 있어야 하니

시청역으로 가는 도중에 연달아 환승역을 만날 수 있는 거야.

환승역이 자주 나타나는 곳은 그만큼 사람이 많이 오가는 곳이라 생각하렴.

그렇단다. 홍대입구, 합정, 당산, 영등포구청역은 연이어 환승역이 나타나지?
그건 떡꼬치를 생각하면 이해하기 쉽단다. 떡꼬치를 만들려면 어떻게 해야 할까?
꼬치를 엮을 수 있는 나무 막대기에 떡을 가로로 잘 꽂아 넣어야 하지?
홍대입구역부터 영등포구청역까지 남북으로 놓인 2호선을 나무 막대기로,
서울과 주변 지역을 동서로 연결하는 노선을 떡으로 생각하는 거야.
그러면 마치 **남북과 동서로 얽힌 떡꼬치처럼** 노선이 만들어지겠지?

| 234 신도림 | 233 대림 | 구로디지털단지 | 신대방 | 신림 | 봉천 |

아빠, 이제 막 신도림역과 대림역을 지났는데,
여기서부터는 환승역이 거의 없네요.
혹시 이것도 이유가 있나요?

그래, 맞아. 이 구간에는 서울을 대표하는 번화가가 적단다.
대신 사람들이 사는 집이 많지. 그렇다면 아무래도 환승역이 덜 필요하겠지?
그렇다면 여기서 **퀴즈!**
조금 더 가면 환승역인 사당역을 지나 교대역이 나올 거고,
교대역부터는 떡꼬치 모양의 환승역이 나타난단다. 왜 그럴까?

강남역 주변은 서울에서도 많은 사람이 오가는 곳이란다.
주변에 놀거리와 볼거리가 많은 것은 물론,
아빠와 같은 사람이 일하는 회사도 많기 때문이지.
징검다리 환승역이 나타났던 시청역 주변도 비슷하고 말이야.
이런 곳은 도시에서 매우 중요한 의미를 갖는 공간이란다.
시청과 같은 관공서, 대형 백화점, 높은 빌딩 숲이 어우러진
이른바 서울을 대표하는 중심 지역, 즉 **도심**이지!

강남역이나 시청역 주변과 같이 어마어마하진 않더라도
잠실역, 건대입구역, 홍대입구역, 신도림역처럼
꽤 많은 사람이 오갔던 곳도 있었지?
이곳에도 다양한 가게와 백화점 등이 있어 많은 사람들이 찾아온단다.
그래서 도심을 뒷받침하는 **부도심**이라고 부르지.
학급의 반장을 도와주는 부반장이 있는 것처럼 말이야.

하지만 환승역이 많았던 이런 도심과 부도심은
한창 일해야 하는 낮에는 오가는 사람이 많지만,
밤에는 사람이 거의 없는 특징을 보이기도 한단다.
아빠처럼 낮에는 서울에서 일하다가
밤이 되면 마치 신데렐라처럼 경기도의 집으로 돌아가기 때문이지.

맞아. 우리 동네처럼 '신도시'라는 이름이 붙은 곳들은
커다란 도시 주변에 있고, 빼곡하게 아파트가 들어서 있지.
서울이라는 대도시와 우리가 사는 곳은 멀리 떨어져 있지만,
마치 거미줄처럼 서로 연결되어 있다는 걸 기억하렴.

나의 첫 지리 여행

열차와 함께 떠나요

철도 박물관

경기도 의왕시에 있는 철도 박물관에 가면
우리나라의 철도 역사를 한눈에 살펴볼 수 있습니다.
야외 전시장에는 옛날 열차부터 최신 열차까지 다양한 열차가 늘어서 있지요.
열차 안에도 직접 들어가 볼 수 있답니다.
실내 전시장의 철도 모형 디오라마실에서는
증기 기관차, 비둘기호, 새마을호, KTX 등 다양한 열차 모형들이
실제 움직이는 모습을 관람할 수 있습니다.

철도 박물관 ▼ www.railroadmuseum.co.kr

지하에서 열차를 타는 충무로역(수도권 3호선)과
지상에 위치한 상계역(수도권 4호선)

지하철역

부모님과 함께 가장 가까운 지하철역에 가 보세요.

지하철역 탐방을 하면서 아래 질문에 대한 답을 함께 찾아보아요.

그 역의 이름은 무엇인가요?

그 역은 환승역인가요, 일반역인가요?

환승역이라면 몇 호선과 몇 호선이 만나나요?

지하철을 타는 플랫폼은 지상, 지하 중 어디에 있나요?

그곳에서 지하철을 기다리는 사람은 얼마나 많나요?

이 책의 아빠와 지유처럼 지하철 여행도 떠나 보세요!

철도 기관사 체험

열차는 어떤 길로 다닐까요?

열차를 운전하는 기관사실이 궁금한가요?

요즘에는 지하철, KTX, SRT 등 다양한 열차 운전을

생생한 VR로 체험해 볼 수 있어요.

* QR코드를 찍어 보세요.

지하철역 이름에 담긴 비밀

지하철역 이름은 다양한 이야기를 담고 있습니다.
한눈에 바로 알 수 있는 이름도 있지만, 도무지 그 뜻을 알기 힘든 이름도 있지요.
예를 들어 시청역은 근처에 시청이 있고,
광화문역은 근처에 광화문이 있다는 뜻이 분명합니다.
수도권 2호선 교대역이나 건대입구역도 그렇지요.
근처에 서울교육대학교와 건국대학교가 있다는 걸 분명히 나타내 주니까요.

수도권 1, 2호선 시청역을 나오면 바로 볼 수 있는 서울 시청 건물과 광장

하지만 예를 들어, 수도권 7호선 장승배기역은 어떤가요?
장승배기라니 처음 들으면 아리송합니다.
'장승'은 조선 시대 마을과 마을의 경계에 놓았던 수호신입니다.
커다란 나무를 깎아서 사람 얼굴을 새긴 기둥이지요.
7호선 장승배기역 근처는 이름처럼 과거 장승이 있던 곳입니다.
조선의 임금 정조가 명하여 세워진 장승이라 더욱 유명하지요.
그래서 장승배기라는 이름이 지하철역에도 붙었답니다.
이처럼 지하철역 이름은 그 지역의 특별한 이야기를 담아내기도 합니다.
집에서 가까운 지하철역의 이름은 어떻게 만들어졌는지 알아보면 어떨까요?

수도권 7호선 장승배기역 근처에 있는 장승

글 최재희

서울 휘문고등학교 지리 교사입니다. 좋은 글을 쓰는 데 관심이 많습니다. 지은 책으로 《스포츠로 만나는 지리》, 《복잡한 세계를 읽는 지리 사고력 수업》, 《바다거북은 어디로 가야 할까?》, 《이야기 한국지리》, 《이야기 세계지리》, 《스타벅스 지리 여행》 등이 있습니다.

그림 시은경

홍익대학교에서 시각디자인을 공부하고, 한국일러스트레이션학교에서 그림책을 공부했습니다. 흰머리 할머니가 될 때까지 따뜻하고 재미있는 그림을 그리려고 합니다. 그린 책으로 《가장 쉽게 배우는 맨 처음 글쓰기》, 《나는 통일이 좋아요》, 《열 살에 배운 법 백 살 간다》, 《내일을 바꾸는 사회 참여》, 《충분히 칭찬받을 만해》 등이 있습니다.

나의 첫 지리책 2 — 2호선은 떡꼬치 열차

1판 1쇄 발행일 2024년 10월 28일 | 1판 2쇄 발행일 2025년 7월 7일
글 최재희 | **그림** 시은경 | **발행인** 김학원 | **편집** 이주은 | **디자인** 기하늘
저자·독자 서비스 humanist@humanistbooks.com | **용지** 화인페이퍼 | **인쇄** 삼조인쇄 | **제본** 다인바인텍
발행처 휴먼어린이 | **출판등록** 제313-2006-000161호(2006년 7월 31일) | **주소** (03991) 서울시 마포구 동교로23길 76(연남동)
전화 02-335-4422 | **팩스** 02-334-3427 | **홈페이지** www.humanistbooks.com
사진 출처 철도 박물관 ⓒ 경기도 / 공공누리 제1유형
상계역 ⓒ LERK / Wikimedia Commons / CC BY-SA 4.0

글 ⓒ 최재희, 2024   그림 ⓒ 시은경, 2024
ISBN 978-89-6591-594-2 74980
ISBN 978-89-6591-592-8 74980(세트)

- 이 책은 저작권법에 따라 보호받는 저작물이므로 무단 전재와 무단 복제를 금합니다.
- 이 책의 전부 또는 일부를 이용하려면 반드시 저작권자와 휴먼어린이 출판사의 동의를 받아야 합니다.
- **사용연령 6세 이상** 종이에 베이거나 긁히지 않도록 조심하세요. 책 모서리가 날카로우니 던지거나 떨어뜨리지 마세요.